南极的动物

刘晓杰 ◎ 主编

吉林科学技术出版社

图书在版编目（CIP）数据

南极北极. 南极的动物 / 刘晓杰主编. -- 长春：
吉林科学技术出版社，2021.8
ISBN 978-7-5578-6740-9

Ⅰ. ①南… Ⅱ. ①刘… Ⅲ. ①南极—儿童读物②动物
—儿童读物 Ⅳ. ①P941.6-49②Q95-49

中国版本图书馆CIP数据核字(2019)第295107号

南极北极·南极的动物
NANJI BEIJI · NANJI DE DONGWU

主　　编	刘晓杰
出 版 人	宛　霞
责任编辑	周振新
助理编辑	郭劲松
封面设计	长春市一行平面设计公司
制　　版	长春市阴阳鱼文化传媒有限责任公司
插画设计	杨　烁
幅面尺寸	226mm×240mm
开　　本	12
字　　数	50 千字
印　　张	2
印　　数	6 000 册
版　　次	2021年8月第1版
印　　次	2021年8月第1次印刷

出　　版	吉林科学技术出版社
发　　行	吉林科学技术出版社
地　　址	长春市福祉大路5788号出版大厦A座
邮　　编	130118
发行部电话/传真	0431-81629529　81629530　81629531
	81629532　81629533　81629534
储运部电话	0431-86059116
编辑部电话	0431-81629517
印　　刷	长春百花彩印有限公司

书　　号	ISBN 978-7-5578-6740-9
定　　价	19.90元

虽然南极气候特别寒冷，环境十分恶劣，但有大批生命力顽强的生物在这里演绎着生命的神奇。除了可爱的企鹅、海豹，这里还有很多我们不常见到的动物，让这片荒寂的土地变得有了生机。

磷虾是南极食物链中最重要的一环。它们虽然个头不大，但却数量众多，是很多南极生物的主要食物来源。

磷虾通体呈现淡粉色，体长 6 ~ 95 毫米。

磷虾的身体具有5 ~ 10个球状发光器，可以发射出淡淡的蓝色冷光。

磷虾虽然个头小，但营养非常丰富。由于磷虾以浮游植物为主要食物，所以不用担心重金属污染问题。生态学家认为磷虾是人类潜在的食物来源。

一片磷虾群重量能达到1千万吨，而世界上最大的动物——蓝鲸的重量也只有180吨左右。

磷虾经常成群地游动在南半球的海洋之中，形成数百米长的队伍，从而使得海水也变成了淡淡的红色。

企鹅的腹部脂肪非常厚，这也是它们在寒冷的南极得以生存的法宝。

企鹅毛色背黑腹白，由于羽毛的密度大，一眼看上去仿佛穿着一件燕尾服。

企鹅的翅膀并不能帮助它们飞翔，它们的翅膀更多的时候是在水中划行时起到桨的作用。

企鹅憨厚可爱的形象、笨拙的步态深入人心，是南极最具有代表性的动物。

地球上已知的企鹅种类有18种，其中大部分分布在南极大陆以及南极周边的岛屿。

帝企鹅

帝企鹅是我们最熟悉的企鹅，也是世界上最大的企鹅，它脖子下的一片橙黄色羽毛成为它特有的标志。

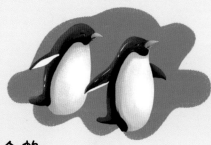

阿德利企鹅

阿德利企鹅是南极最常见的企鹅，也是大部分企鹅卡通形象的原型。

小蓝企鹅

小蓝企鹅，又称神仙企鹅，是企鹅家族中最小的成员。

企鹅是怎么在南极这片不毛之地繁衍生存的？
我们来看看一只帝企鹅的成长日记。

企鹅妈妈在脚边生下了一个10多厘米长的巨大的蛋，然后企鹅妈妈就去为家庭成员觅食，留下企鹅爸爸独自照顾这个还没被孵化的小生命。

企鹅爸爸把脚尖放平，用一块类似帽檐的毛皮把蛋盖住，这块皮叫做养育袋，企鹅蛋在养育袋里温暖又舒适地等待孵化。

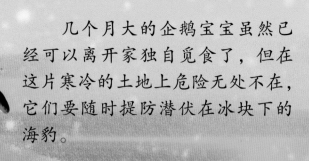

几个月大的企鹅宝宝虽然已经可以离开家独自觅食了，但在这片寒冷的土地上危险无处不在，它们要随时提防潜伏在冰块下的海豹。

等到小企鹅完全可以自己行动的时候，企鹅爸爸已经几个月没有吃东西了，这时企鹅妈妈也从远处带来了丰富的食物给小企鹅，饿坏了的企鹅爸爸就会独自跑到海边去大吃一顿。

企鹅爸爸就这样站在狂风暴雪中，不吃不喝待上两个月左右的时间，一直等到小企鹅被孵化出来。为了不让小企鹅在冰天雪地里冻死，企鹅爸爸还要把小企鹅带在身边，直到小企鹅长出可以御寒的浓密羽毛。

除了我们熟知的企鹅，南极还生活着一种通体雪白的鸟——雪海燕。和南极其他的鸟类不同，雪海燕一年四季都栖息在南极大陆边缘及周边岛屿，即使是严冬到来也不迁徙。

雪海燕的外形、大小很像鸽子，加上可爱、灵巧的体态，美妙的飞行身姿，被公认为南极最漂亮的鸟类。通体洁白的羽毛让雪海燕在冰雪中很难被天敌发现。

雪海燕大部分时间活动在有浮冰的海域。它们主要以磷虾为食，偶尔捕获一些小鱼，有时会在陆地上觅食其他动物的腐肉。

雪海燕极为耐寒，它们常年与冰雪为伍，卧睡于冰雪之上，并且能够应对南极不间断的暴风雪。

11

除了雪海燕，南极还生活着一些候鸟，这些鸟主要分布在南极大陆沿岸和周边的岛屿上，每年随着季节的变化在南极和其他大陆之间来回迁徙。

信天翁

信天翁是在南极最常见的鸟类，是一种大型海鸟，体长70～140厘米，双翅展开可达3～4米，善于滑翔，在有风的时候它们可以在空中靠滑翔停留几个小时。

漂泊信天翁

漂泊信天翁是信天翁家族中的大个头，因其常年在南半球海域漂泊而得名。漂泊信天翁非常善于潜水，最深可以下潜12米。漂泊信天翁以乌贼、小鱼和船只丢弃的废物为食。

暴风海燕

暴风海燕是一种体形非常娇小的海鸟，但是它们却能凭借自己强壮的翅膀在暴风雨中自由翱翔。

南极贼鸥

南极贼鸥因为它们凶悍的习性得名，它们经常抢夺同类和其他鸟类的食物，甚至强行占据其他鸟类的巢穴。南极贼鸥主要栖息在南极的乔治岛上。

南极地区的海鸟总数能达到1.8亿只左右，占全世界海鸟总数的18%，是名副其实的"海鸟王国"。

南极燕鸥

南极燕鸥是一种非常团结的海鸟，它们经常成群结队地在海面捕食，但是它们对异类却非常不友好。

巨海燕

巨海燕为南极代表性鸟类之一，是生活在南极的海燕家族中体形最大的。双翼展开最长能达到2.2米。巨海燕必须在地上或水面上助跑10多米才能起飞，就像飞机在跑道上起飞一样。

白鞘嘴鸥

白鞘嘴鸥是南极极为常见的鸟类,体长35～41厘米,翼展75～80厘米。白鞘嘴鸥是极具攻击性的鸟类,它们以南极的企鹅、海鸥、海燕的雏鸟和蛋为食物。

鸟类如何抵御严寒

在南极这种寒冷的地方,鸟类想要生存下去就必须有一些独特的御寒技能。有的鸟类不停觅食,用高热量食物补充身体的能量,而有的鸟类可以调节脚的温度,阻止身体的热量流失。

鲸鱼是世界上最大的动物，分为须鲸和齿鲸两种。鲸鱼外形酷似鱼，却没有鳞片，头顶的气孔是它们最醒目的特征。世界上的鲸鱼 70% 生活在南极海域。

座头鲸

座头鲸以其跃出水面的姿势、超长的前翅与复杂的叫声而闻名。座头鲸的嘴边有 20~30 个肿瘤状的突起，每个突起的上面都长出一根毛。在鲸鱼中，座头鲸的胸鳍是最大的，单侧胸鳍约为 5.5 米。

南露脊鲸

　　南露脊鲸是一种濒临灭迹的鲸鱼。由于南露脊鲸的游速缓慢且生活范围靠近海岸，所以，其非常易于捕杀。世界上现存的南露脊鲸数量只有1万头左右。

蓝鲸

蓝鲸是地球上已知的体积最大的动物，身长可达33米，重量可达180吨左右。蓝鲸的身体呈长锥状，背部呈青灰色。由于整个身体呈流线型，看起来像一把剃刀，也被称为"剃刀鲸"。

由于体形巨大，蓝鲸的食量也非常惊人，一只蓝鲸每天要消耗2~5吨的食物，它们一口就能吞下200多万只磷虾，腹中的食物如果少于2吨，蓝鲸就会有饥饿的感觉。

虎鲸

虎鲸是一种大型齿鲸，它们的头部略圆，嘴很大，牙齿锋利，性情凶猛，善于攻击猎物。生活在南极的虎鲸以须鲸作为主要食物，有些虎鲸偶尔会捕食蓝鲸和鲨鱼，是当之无愧的"海中霸王"。

海豹是一类海洋食肉动物，它们主要分布在两极海域，南极海豹生活在南极冰原。由于体态臃肿，外形可爱，经常被人类训练后进行演出，深受人们的喜爱。

韦德尔氏海豹

韦德尔氏海豹是出色的潜水员。它们能潜到水下 600 米左右，并且逗留 1 小时以上。

豹形海豹

　　豹形海豹又称豹海豹，背部呈深灰色，腹部银灰色，全身有明显明暗交替的斑点。它们靠捕食其他海豹、海鸟以及企鹅为生，所以是南极企鹅最大的天敌。

除了上面提到的动物之外，还有一些动物也曾经在南极出现过，但这些生物或是遭到人类猎杀或是没能在南极恶劣的生存环境下生存下来。

　　南极狼又称福克兰群岛狼，是生活在世界最南端的狼，也是南极附近唯一的在陆地生存的哺乳动物。但由于人类的猎杀以及当地居民对树木的过度砍伐，使得南极狼的生存环境日益恶化，渐渐地灭绝了。

酷拉龙

冰河龙

冰脊龙

南极甲龙

　　科学家在南极洲发现了大量的恐龙化石，证实了几千万年前，南极生物的多样性。目前科学家在南极发掘出并已经命名的恐龙有：冰脊龙、南极甲龙、冰河龙和酷拉龙等。